不可思议的万物变化

植物的生命历程

[澳] 萨莉·摩根 著
[荷] 凯·科恩 绘
吕红丽 译

中国农业出版社
农村设备出版社
北 京

图书在版编目（CIP）数据

不可思议的万物变化.植物的生命历程 /（澳）萨莉·摩根著；(荷) 凯·科恩绘；吕红丽译.—北京：中国农业出版社，2023.4

ISBN 978-7-109-30385-0

Ⅰ.①不… Ⅱ.①萨…②凯…③吕… Ⅲ.①自然科学－儿童读物②植物－儿童读物 Ⅳ.①N49②Q94-49

中国国家版本馆CIP数据核字(2023)第028810号

Earth's Amazing Cycles: Plants

Text © Sally Morgan

Illustration © Kay Coenen

First published by Hodder & Stoughton Limited in 2022

Simplified Chinese translation copyright © China Agriculture Press Co., Ltd. 2023

著作权合同登记号：图字01-2022-5148号

中国农业出版社出版

地址：北京市朝阳区麦子店街18号楼

邮编：100125

策划编辑：宁雪莲　陈　灿

责任编辑：章　颖　陈　亭

版式设计：李　爽　　责任校对：吴丽婷　　责任印制：王　宏

印刷：北京缤索印刷有限公司

版次：2023年4月第1版

印次：2023年4月北京第1次印刷

发行：新华书店北京发行所

开本：889mm × 1194mm　1/12

印张：$2\frac{2}{3}$

字数：45千字

总定价：168.00元（全6册）

目　录

什么是植物　4

植物的分类　6

植物的一生　8

种子与发芽　10

制造养分　12

花　14

花与昆虫　16

种子和果实　18

种子的传播　20

鳞茎、匍匐茎和块茎　22

食物链　24

植物的寿命有多长　26

植物的循环　28

词汇表　30

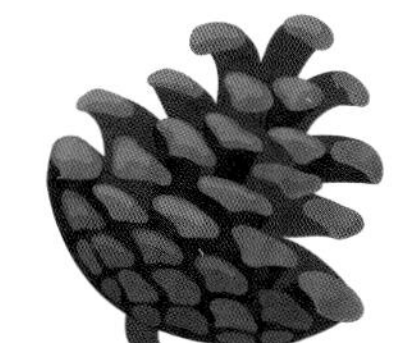
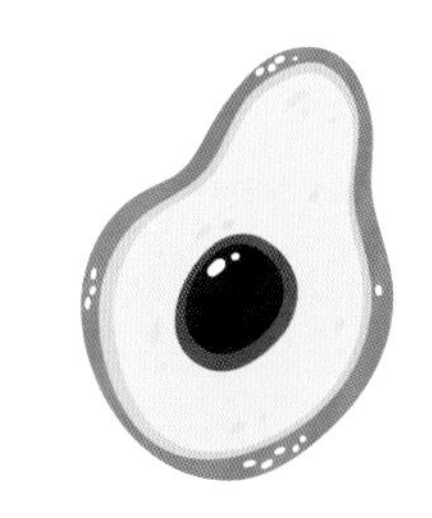

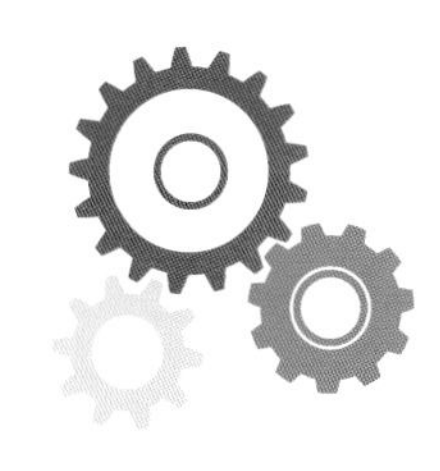

什么是植物

植物是能够自己制造养分的生物体，具备生长和繁殖的能力。植物形态各异，大小不一，有生长在海洋中的小型植物，还有生长在森林中的参天大树。

植物的地上部分

植物一般由地上部分和根组成。植物的地上部分包括茎和生长在茎上的叶。大型植物的茎粗壮，呈木质，如树木，其茎称为树干。植物的叶子通常为绿色，能够利用阳光制造植物所需的养分。

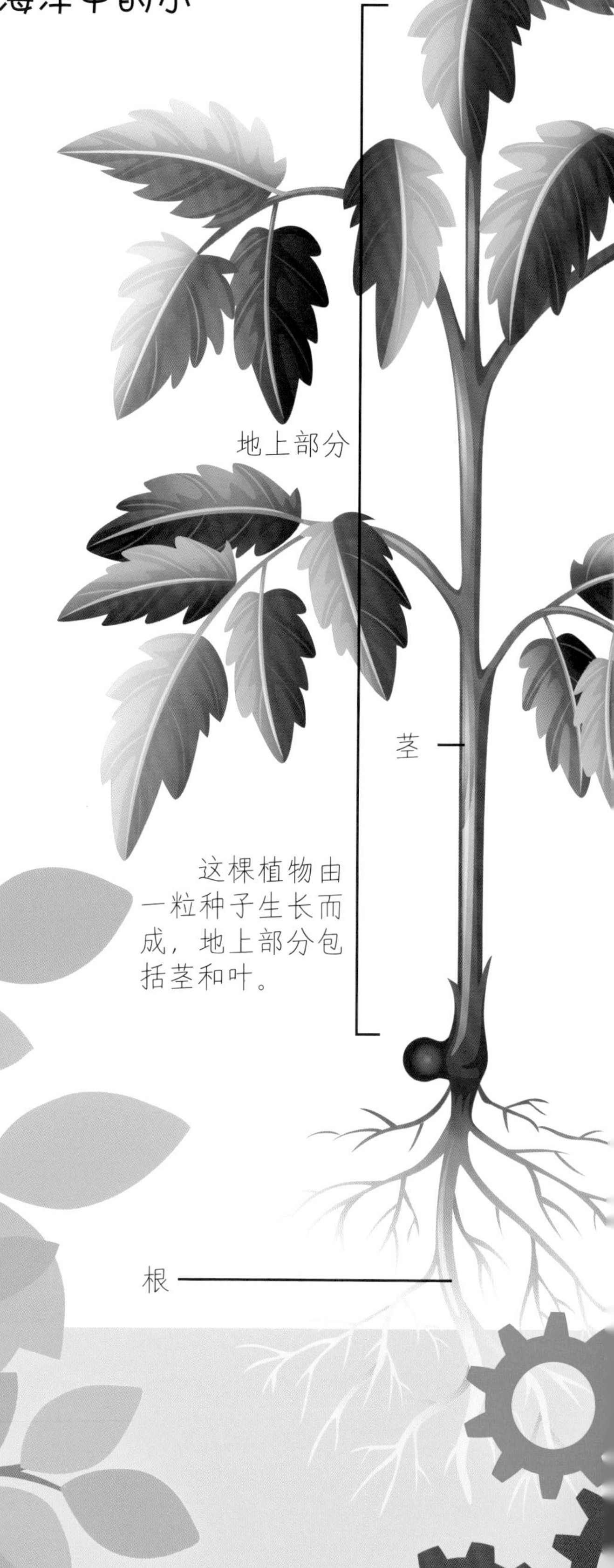

这棵植物由一粒种子生长而成，地上部分包括茎和叶。

根

根一般生长在地下，能够将植物牢牢固定在特定位置，并从土壤中吸收水分和无机盐。植物的根有多种类型。例如，有些蔬菜的根是直根系类型，主根粗壮（如胡萝卜的根），而有些植物的根是须根系类型，纤细，呈线状（如天竺葵的根）。

生命周期

有的植物会开花，花会产生种子。你将在本书中了解到植物生命周期的各个阶段。

世界无奇不有

问 什么树又叫“倒栽树”？

答 猴面包树。这种树分布在非洲大陆、马达加斯加和澳大利亚。这种树在干季时叶子全部掉落，树枝看起来像根一样。猴面包树巨大的树干中储存了充足的水分，这样即使在没有雨水的情况下大树也能长期存活。

植物的分类

世界上已知有39万多种植物。为了便于识别，科学家们对这些植物进行了分类。

开花植物

植物中最大的类群当属开花植物，已知的约有25万种，这类植物都会开花，例如雏菊、向日葵和苹果树。

不开花植物

除了开花植物以外，其他植物都是不开花植物，包括藻类、苔藓、蕨类和裸子植物。藻类植物（如海藻）是一类结构简单的植物，没有根、茎、叶的分化，多数生长在水中。

木槿是一种开花植物。

海带是一种藻类，生长在水温较低的浅海中，叶状体每天能长出60厘米。

苔藓植物

苔藓植物属于不开花植物，是一种小而简单的植物，生长在潮湿阴凉的地方。苔藓植物有类似茎、叶的分化，称拟茎和拟叶，根非常简单，称假根，能吸收水、无机盐和固定植物体。

岩石上生长着成簇的苔藓。

蕨类植物有真正的根、茎、叶。叶有小型叶和大型叶两类，大型叶种类占绝大多数。

松果

裸子植物

松柏纲植物是裸子植物中数量最多、分布最广的一个类群。松柏纲植物的种子不是由花朵产生的，而是由球果产生的。大多数松柏纲植物的叶子都呈针状，如松和红杉。

世界无奇不有

问 你知道世界上最大的树是什么吗？

答 谢尔曼将军树是世界上体积最大的树，它是一棵巨杉，属于松柏纲植物，生长在美国加利福尼亚州。它的树干体积，估计能达到 1487 立方米，周长约为 31 米，高度约为 83.8 米，树龄大概有 2300 ~ 2700 岁。

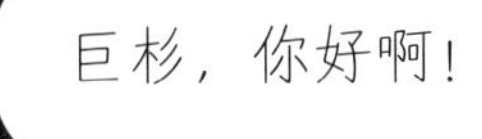

植物的一生

植物在生长过程中会经历几次变化。

开花植物的一生始于一粒种子。种子发芽后，长出幼苗。幼苗逐渐长大，长成一株成年植物，之后开花结籽，种子再长成新植株。

向日葵的生命周期如图所示。向日葵是一年生植物，它发芽、开花、然后死亡，这一切都发生在一年之内。

2 幼苗冒出地面，长出新叶。

1 种子发芽，根扎入土壤中。

6 花瓣凋谢，种子形成。种子落在地上，枝干逐渐枯萎死亡。

世界无奇不有

问 你知道世界上生长速度最快的植物是什么吗？

答 竹子。竹子属于禾本植物，它的生长速度极快，以至于你几乎都能看到它的生长！大多数竹子一天就可以生长 10 ~ 15 厘米。据科学家们记载，有些竹子一天内几乎就能生长1米。

种子与发芽

所有开花植物的生命周期都始于一粒种子。

种子内有一个胚，也就是植物的雏形。种子表面有一层种皮，种皮能起到保护作用，种子里面储存着营养物质。

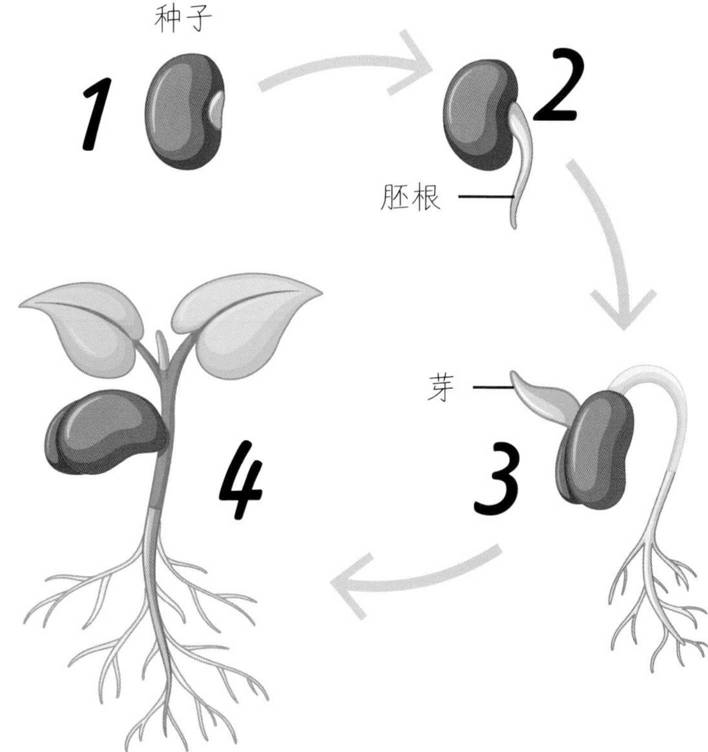

生长

种子生长的第一个阶段是吸收水分。吸收水分后，种子膨胀，种皮裂开。种子利用体内储存的营养物质开始生长。很快，第一条根长出来了，它扎入土壤中以便固定种子的位置。之后，芽钻出土壤，长出来。

种子发芽的环境条件

只有满足一定的条件，种子才能发芽。种子发芽需要水和空气。有的种子还需要特定的温度，有的在温暖环境下才能发芽，而有的需要在低温下才能发芽。还有的种子发芽时需要一定的光照，例如莴苣种子。

树的种子

许多树种的种子在发芽前需要经历低温环境，以确保种子不会在秋天就开始发芽，而是等到春天来了再发芽。有些树种的种皮非常坚硬，只有破皮后，或被动物吃掉通过粪便排出后才能发芽，例如红豆杉和杜松树的种子。

特殊条件

有些种子需要特殊条件才能发芽。班克木是生长在澳大利亚的一种常绿树木。森林大火将这些树木烧毁后，种子遇到火烧后完全打开。

世界无奇不有

问 陈年种子还能发芽吗？

答 可以。人们在位于以色列马萨达希律王宫殿的一处考古遗址中发现了一些椰枣树种子，这些种子当时已有2000岁了。2005年，一位科学家成功将其中一颗种子培育发芽。

这是班克木的种球。种子在种子荚中，遭到火烧后，种子从荚中释放出来，开始发芽生长。

制造养分

植物有绿色的叶子，这是因为绿色叶子中含有一种叫作叶绿素的绿色物质。植物利用叶绿素制造养分，这一过程称为光合作用。

光合作用

植物需要来自太阳的光能、来自空气中的二氧化碳和来自土壤中的水进行光合作用。光能被叶绿素捕获，并被用来与二氧化碳和水结合制成糖，作为植物生长的养料。

大多数植物的叶子又宽又薄，能尽可能地多吸收光能。

糖

一部分糖在叶子生长过程中被利用，其余的糖通过植物中的运输管道输送到植物体的其他部位。运输管道贯穿整个茎，可将糖输送到任何需要的地方——比如，正在生长的枝芽顶端。多余的糖则储存在植物体的根部及其他储存器官中。

欧防风制造出的糖，多余部分转化为淀粉，储存在根部。

氧气

植物进行光合作用的过程中会释放氧气，而植物和动物呼吸时都需要氧气。植物的呼吸过程就是分解养分（比如糖）的过程。植物不需要的氧气都会通过叶子释放到空气中，可供动物呼吸。

问 什么植物的叶子被触碰了就会闭合？

答 含羞草的叶子，含羞草又名“知羞草”。只要触摸这种植物的一片叶子，这片叶子就会立即闭合下垂，其他叶子也跟着闭合，一段时间后才慢慢打开。含羞草的这种反应可能是一种自我保护机制，为了避免成为食草动物的口中餐。

植物的健康生长还需要含钾的和含氮的无机盐等，由根从土壤中吸收。

含羞草

花

蓟的花是由许多小花组合而成，形成头状花序。

在开花植物的生命周期中，花是至关重要的，因为这和植物的繁殖相关。

花的结构

典型的花通常都有花瓣，花瓣环绕在植物生殖器官四周。花的雄性生殖器称为雄蕊，由花药和花丝组成。花药产生黄色粉尘状的花粉粒。花的雌性生殖器称为雌蕊，由柱头、花柱和子房组成。植物的子房内有胚珠，胚珠内有卵细胞。

传粉

传粉是受精的前提，花粉从花药转移到柱头就是传粉的过程。有些花可以自己传粉，花粉能够从花药直接落到柱头上。而有些花则需要昆虫等动物将花粉从一朵花传到另一朵花中。还有些花属于风媒花，需要借助风的力量把花粉传到柱头上。

羊胡子草是风媒传粉植物，因其果穗形似山羊胡须而得名。

受精

花粉落到柱头上以后，花粉粒上会生出一个花粉管，通过花柱向下生长到胚珠，于是花粉管中的精子与胚珠里面的卵细胞相结合，形成了受精卵。这就是受精过程。

世界无奇不有

问 你知道世界上花朵最大的植物是什么吗？

答 大花草。这种植物主要分布在东南亚热带雨林中，常常寄生在一些藤蔓体内，没有根、茎、叶。花朵散发出具有刺激性的腐臭气味，这种腐臭气味能够吸引蝇虫前来传粉。

花与昆虫

虫媒花需要吸引昆虫前来传粉——因此花朵也要学会做广告！

颜色鲜艳

由昆虫传粉的花朵大多数都有鲜艳的颜色。这样的花朵比较显眼，能够吸引蜜蜂和其他昆虫的注意力。有些植物会分泌出香甜的花蜜，昆虫非常喜欢。昆虫采花蜜的同时就能完成传粉。

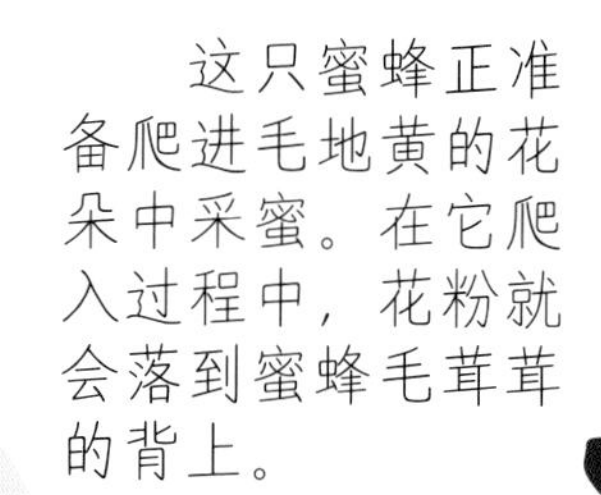

这只蜜蜂正准备爬进毛地黄的花朵中采蜜。在它爬入过程中，花粉就会落到蜜蜂毛茸茸的背上。

形状各异

花朵的形状各异，便于昆虫轻松传粉。毛地黄的花朵像一个小铃铛，蜜蜂可以在里面爬行。向日葵、蓟和雏菊的花朵属于敞开式，短小的花药裸露在外，昆虫爬过时就能将花粉带走传到另一朵花中。

蝴蝶落在花朵上后，腿上沾满了花粉。它飞走后将花粉带到了其他花朵上。

诱惑诡计

有些植物的花具有诱惑昆虫前来传粉的本领。这些花的形状看起来就像一只雌性昆虫，散发出独特的气味，吸引雄性昆虫。当雄蜂试图与花朵交配时，就会沾上花粉，然后将花粉传到另一棵植物上。有些兰花因外形酷似某些昆虫从而得名，如蜜蜂兰、蜘蛛兰和苍蝇兰。

蜜蜂兰的花就像一只大黄蜂。

世界无奇不有

问 你知道世界上最臭的植物是什么吗？

答 巨魔芋。巨魔芋的花会散发出一股腐肉般的恶臭味，吸引成群的蝇虫。蝇虫在花瓣上爬来爬去，甚至在上面产卵。蝇虫把花粉传到柱头上，于是花就能结出种子。这种花散发的气味很强烈，1千米外就能闻到。

巨魔芋

种子和果实

花朵完成传粉和受精后，花瓣就会脱落，子房膨大发育成果实，胚珠发育成种子。

丰富的果实

大部分人认为果实是甜的。我们会食用李和桃等果实中柔软、香甜的果肉部分，但不会吃中间坚硬的果核或种子。豌豆和蚕豆的果实属于豆荚，豆荚高高地鼓起，种子包裹在其中。豆荚的果皮不可食用，我们只食用豆荚里面的种子。

植物的果实丰富多样。

欧亚槭的果实上长着一对翅膀（实际上是果实的一部分延伸出来形成的一层薄而干的翅状物）。

假果

并非所有的果实都是真果实。由子房和花托等共同参与形成的果实，称为假果。草莓的果实是假果，草莓的可食用部分是由花托发育而来的，草莓上的小斑点则是由子房发育而成。

这些玫瑰果是玫瑰的果实，由花托发育而成。

世界无奇不有

问 你知道世界上最臭的果实是什么吗？

答 榴莲。这种果实呈绿色，表皮有尖刺，散发出强烈的气味。有些人非常喜欢这种味道，而有些人却觉得很恶心。榴莲散发出的强烈气味能够吸引远处的动物前来采食，它们在采摘果实的同时也帮助榴莲传播了种子。

种子的传播

植物的种子必须分散传播，以防止幼苗在亲本植物附近发芽，成为争夺阳光和水分的劲敌。

自体传播

豌豆和蚕豆的豆荚成熟后会逐渐变干。最终豆荚裂开，里面的种子弹了出来，落到离亲本植物很远的地方。

两只澳大利亚彩虹吸蜜鹦鹉正在吃苹果。

动物传播

动物会采摘美味的果实并吃掉。种子进入动物体内，通过粪便排出到远离亲本植物的地方。

随风而传

有些植物的种子会长出形状如翅膀或降落伞的结构，能够随风飘走，落在远离亲本植物的地方。自带薄翼的种子随风飞翔，慢慢盘旋而落。蒲公英和马利筋等植物的种子上有一簇绒毛，有点像降落伞。一阵风吹来，降落伞随风而起，种子被带到很远的地方，甚至越过高山。

蒲公英的种子上带有一个小降落伞，风一吹，种子便会飘走。

随波逐流

有些植物的种子是由水传播的，例如生长在海边的椰子，其种子可通过海水传播。椰果掉落后漂浮在水面上，被潮水带到别的海滩生根发芽。

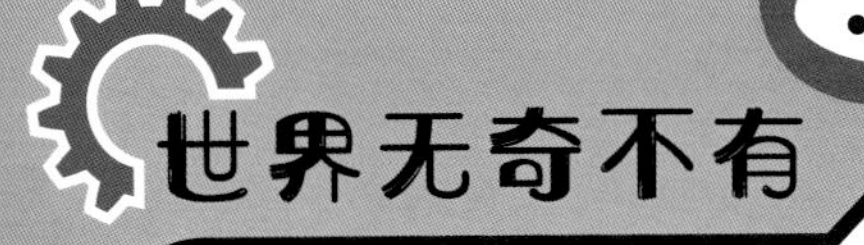

世界无奇不有

问 你知道什么植物的种子会“搭便车”吗？

答 牛蒡的种子。这种植物的种子上有倒钩，只要有动物触碰到种球，种子就能附着在动物的皮毛上，“搭便车”到达其他地方。瑞士发明家乔治·德·梅斯特拉尔有一次在他的狗身上发现了带倒钩的牛蒡籽，由此产生灵感，发明了“维可牢”尼龙搭扣。

牛蒡

鳞茎、匍匐茎和块茎

有些植物没有种子也可以繁衍后代，这类植物通过鳞茎、匍匐茎或块茎发育成新植株。这种生殖方式属于无性生殖。

鳞茎

水仙花、郁金香和洋葱都有鳞茎。鳞茎是植物茎底部形成的一种膨胀结构，在地下生长，里面充满了营养物质。鳞茎整个冬天都埋在地下，到了春天，利用茎内储存的营养物质长出新叶。母鳞茎旁边还会长出许多子鳞茎。

匍匐茎

草莓的植株上会长出一种长茎，沿着地面匍匐生长，叫作匍匐茎。这些匍匐茎接触土壤后就能长出新植株，而新植株长得与亲本植株一模一样。

夏天，洋葱鳞茎在叶子底部形成。

每株草莓每年都能长出许多新植株。

匍匐茎

鳞茎

块茎

马铃薯多用块茎繁殖。块茎是地下茎膨大形成的块状物。夏天时，植物将多余的糖分输送到地下块茎中，转化成淀粉后储存其中。秋天，地上植株枯萎了，但地下块茎依然存活；到了春天，块茎就利用存储的淀粉作为养料开始发芽。

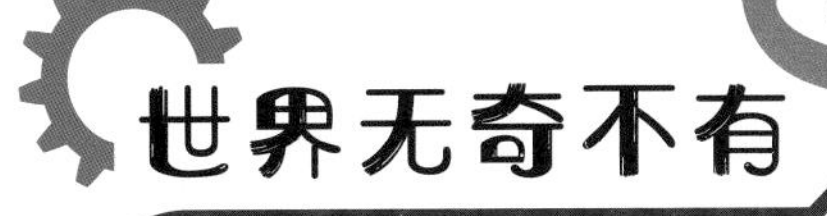

世界无奇不有

问 你知道什么是插条吗？

答 插条是从植株上剪下的一根枝条，如果处理得当，栽培好了，就可以长成一棵新植株。园丁们常通过从植株上剪下的插条繁殖新植物。当你把一株植物（如天竺葵）的插条泡在水中，几周后它就会生根。

每个块茎都可以长成一棵新植株，因此一棵马铃薯的块茎可以长出许多新植株。

食物链

食物链体现了生活在同一栖息地的动物、植物之间的摄食关系。

食物生产者与消费者

植物能够自己制造食物，因此植物是食物的生产者，它处于食物链的起点（或称底端）。动物不能自己制造食物，需要通过吃植物或其他动物获取食物。以植物为食的动物称为食草动物，这类动物有较为发达的脊状牙齿，利于咀嚼草类，它们的肠道能够消化坚硬的植物。

食肉动物以食草动物为食。有时，一种食肉动物也可能被另一种食肉动物吃掉，例如虫子会被乌鸫吃掉，而乌鸫有可能被猛禽吃掉。位于食物链最后（或称顶端）的是顶级食肉动物。例如，生活在非洲大草原上的狮子就属于顶级食肉动物。

食物链

大型食肉动物吃小型食肉动物

食肉动物吃食草动物

食草动物吃植物

植物（食物生产者）

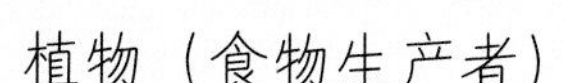

食草动物适应吃植物，如这头犀牛就是以树木的叶子为食。

海洋食物链

海洋中也存在食物链。食物的生产者主要是浮游植物。浮游植物被浮游动物吃掉，而浮游动物被小鱼吃掉，小鱼又会被大型鱼类或海豚等哺乳动物吃掉。

鲸鲨是海洋中最大的鱼类，但却主要以微小的浮游生物为食。

世界无奇不有

问 你知道什么动物能在数小时内彻底摧毁一片农田里的作物吗？

答 一群蝗虫。数十亿只蝗虫就是一场灾难。一只蝗虫每天能吃掉 2 克左右的庄稼，和蝗虫自身的体重差不多。想象一下，10 亿只蝗虫一天能吃掉多少庄稼！

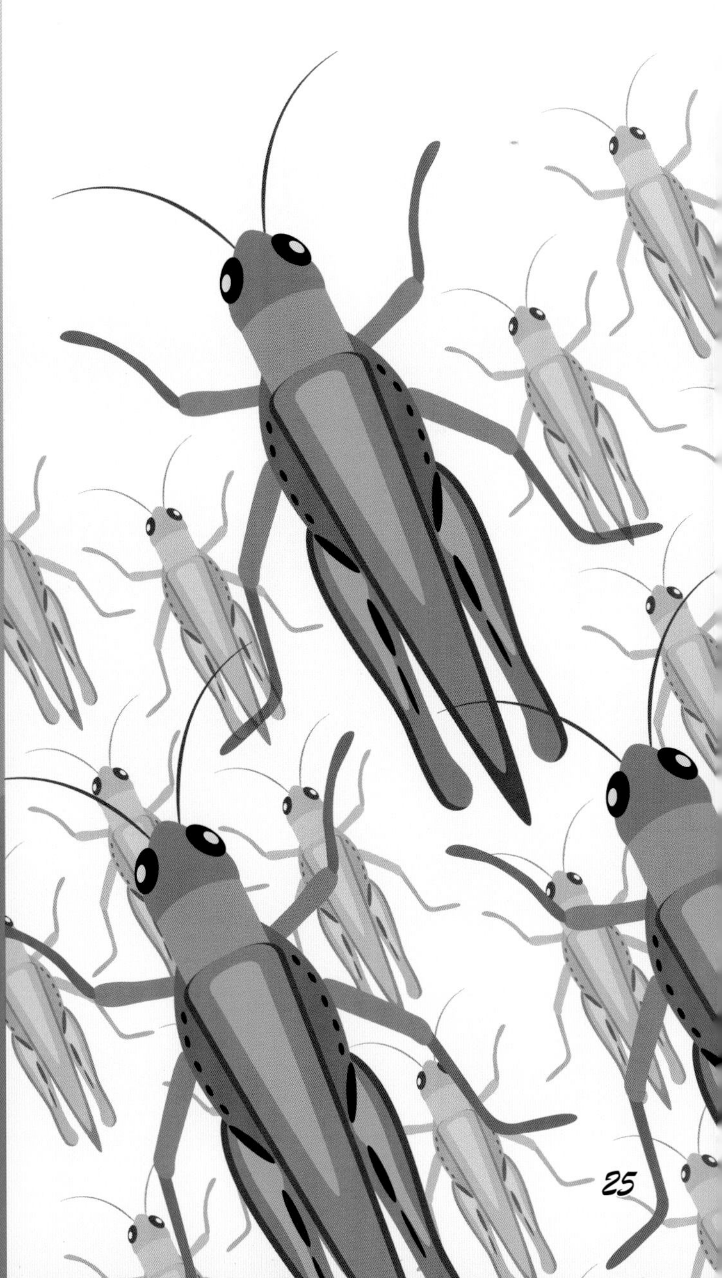

植物的寿命有多长

有的植物只能存活几个月，大多数植物可以存活多年，少数植物的寿命能达到几千年。

一年生植物

一年生植物是指在一个生长季节（一年）期间完成整个生命周期的植物。这类植物生长速度快，开花结实后死亡。一年生植物多为草本植物，如麦仙翁和矢车菊。

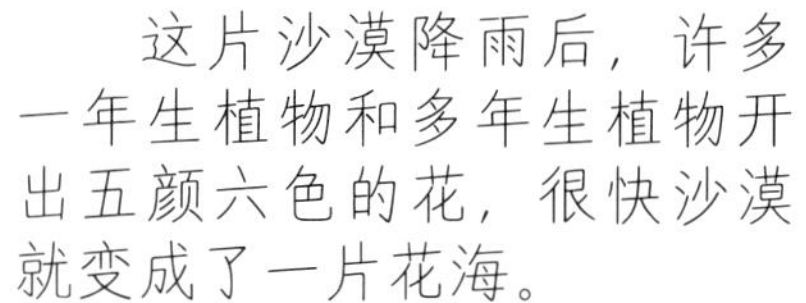

这片沙漠降雨后，许多一年生植物和多年生植物开出五颜六色的花，很快沙漠就变成了一片花海。

二年生植物

二年生植物是指在两个生长季节（两年）内完成生命周期的植物。这类植物在第一个生长季节里发芽生长，寒冷季节进入休眠状态；在第二个生长季节里开花结实，然后死亡。二年生植物多为草本植物，如油菜、小麦、萝卜等。

世界无奇不有

问 你知道世界上最古老的盆栽植物是什么吗?

答 一株苏铁。1775年，这株苏铁从南非被带到英国种植下来。目前，它重达1吨多，高超过4米，每年以大约2.5厘米的速度生长。

菜蓟是一种多年生植物（见下面介绍），播种后第二年开花，花可食用。

多年生草本植物通常整个夏天都在生长，秋天枯萎，春天继续发芽生长。

多年生植物

多年生植物寿命很长。有些多年生植物地上部分到了秋天开始枯萎，来年春天再次长出。有木质茎的多年生植物不会枯死，例如乔木和灌木。此外，多年生植物还包括芍药等园林植物。

植物的循环

植物死后会被称为分解者的生物吃掉。如果没有这些分解者，大地将被成堆的枯叶覆盖！

腐叶

叶子落地时，有可能被蚯蚓和甲虫等动物吃掉。残余部分被细菌和真菌等小型分解者分解。一段时间后，叶子逐渐消失，珍贵的养分融入土壤，被植物根系吸收用于生长。

叶子的柔软部分最先腐烂，剩下相对坚硬的叶脉部分分解时间较长。

蘑菇是一种真菌，生长在腐烂的原木和枯叶上。

堆肥

园丁们将枯叶和杂草堆积起来，等待分解者分解，形成堆肥。分解者分解这些残余物时会释放热量，使堆积物内部温度升高，温度加快了整个分解过程。大约一年后，植物残骸完全分解，形成类似土壤的堆肥。堆肥养分丰富，撒在土壤上可有助于植物生长。

世界无奇不有

问 你知道一片叶子腐烂需要多长时间吗？

答 雨林中高温潮湿，这里的一片落叶可能不到6个月的时间就能腐烂。而在温度较低的森林中，树叶完全分解可能需要数年的时间。

这些叶子最终分解形成堆肥，可撒在土壤上增加土壤养分。

词汇表

草本植物 植物的一类。草本植物的茎内木质化成分少，通常较柔软、易折断。(26，27)

传粉 成熟花粉从雄蕊花药中散出来，落到雌蕊柱头上或胚珠上的过程。(9，15，16，17，18)

雌蕊 花的雌性生殖器官，通常由柱头、花柱和子房3个部分组成。(14)

淀粉 广泛存在于植物种子、果实、块茎等部位，是植物的主要能量储存形式。(12，23)

多年生植物 能存活两年以上的植物。(26，27)

二年生植物 在两个生长季节（两年）内完成生命周期的植物。(27)

分解者 能够分解动植物尸体的生物，主要是细菌和真菌。(28，29)

浮游生物 体型细小，生活在水中，没有或仅有微弱游泳能力的一类生物。(25)

根系 一株植物全部根的总称。(5，28)

光合作用 绿色植物利用光能将二氧化碳和水合成有机物，同时释放出氧气的过程。(12，13)

花粉 花药中的微小粉状物。(14，15，16，17)

花蜜 花中产生的含糖液体。(16)

花丝 雄蕊的一部分，支撑花药的细长柄。(14)

花托 花柄的顶端长花的部分。(14，19)

花序 许多花集中生长在枝或茎上，形成一定的次序。(14)

花药 雄蕊的一部分，可产生花粉。(14，15，16)

花柱 雌蕊中连接子房和柱头的部分。(14，15)

块茎 地下茎的一种，外形肥厚，内部储藏丰富营养物质。(22，23)

假根 具有吸收和固着作用的根状结构，多见于某些藻类植物、苔藓植物和蕨类植物。(7)

蕨类植物 具有根、茎、叶分化，不产生种子的一类植物，大多数是草本植物。(6，7)

鳞茎 一种形状像圆盘的地下茎。(22)

胚 卵细胞受精后发育而形成的幼小植物体。(10)

胚根 种子植物胚的主要组成部分之一，以后能发育形成植物的主根。(10)

胚珠 种子植物所特有的结构，受精后发育成种子，通常包在子房内。(14，15，18)

匍匐茎 沿着地面生长的茎。(22)

生产者 能制造食物的自养生物，主要是各种绿色植物。(24，25)

生命周期 生物体从出生到死亡所经历的各个阶段。(5，8，10，14，26，27)

食物链 生态系统中各种生物之间由于摄取食物而形成的关系。(24，25)

苔藓植物 一类结构简单的小型植物，多生长于阴湿的环境里。(6，7)

无性生殖 不需要经过雌雄两性生殖细胞的结合，而是由一个生物体直接产生后代的生殖方式。(22)

细菌 由单个细胞构成的微生物，有的有益，有的会导致疾病。(28)

雄蕊 花的雄性生殖器官，通常由花丝和花药两部分组成。(14)

叶绿素 植物体中的主要光合色素，参与光合作用。(12)

一年生植物 在一个生长季节（一年）期间完成整个生命周期的植物。(8，26)

藻类植物 主要生长在水中和潮湿地方的简单植物。(6)

真菌 不含叶绿素的简单生物体。(28)

种子 种子植物的胚珠经受精后形成的结构。(4，5，7，8，10，11，17，18，19，20，21，22)

柱头 雌蕊顶端接受花粉的部分。(14，15，17)

子房 花的雌蕊下面膨大并包含胚珠的部分。(14，18，19)